Bibliografische Information der Deutschen Nationalbibliothek

Die Deutsche Nationalbibliothek verzeichnet diese Publikation in der Deutschen Nationalbibliografie; detaillierte bibliografische Daten sind im Internet über http://dnb.d-nb.de abrufbar.

Schriften aus dem Institut für Biologiedidaktik der Justus-Liebig-Universität Gießen

Band 1

Gesamtherausgeber: Dittmar Graf

Bandherausgeberinnen: Barbara Wieder & Kirsten Greiten

Autorin: Christin Brückner

Zeichnungen: Christin Brückner

© 2018

Verlag: Institut für Biologiedidaktik der JLU Gießen

Das Werk einschließlich aller seiner Teile ist urheberrechtlich geschützt. Jede Verwertung außerhalb der engen Grenzen des Urheberrechtsgesetzes ist unzulässig und strafbar. Das gilt insbesondere für Vervielfältigungen, Übersetzungen, Mikroverfilmungen und die Einspeicherung und Verarbeitung in elektronischen Systemen.

Die Erdzeitalter

Ein Bilderbuch von Christin Brückner

Erdurzeit: vor 4.600 bis vor 541 Millionen Jahren

Erdaltertum: vor 541 bis vor 252 Millionen Jahren

Erdmittelalter: vor 252 bis vor 66 Millionen Jahren

Erdneuzeit: vor 66 Millionen Jahren bis **heute**

Alles auf unserer Erde verändert sich. Auch in Zukunft wird sich unsere Erde weiter wandeln. Manche Veränderungen passieren schnell. Andere benötigen viele Millionen Jahre. Bis zur Entstehung der Erde, wie wir sie heute kennen, haben sich nicht nur die Pflanzen und Tiere unterschiedlich entwickelt. Auch das Klima und die Oberfläche unserer Erde (Land, Wasser, Berge, Wüsten, ...) haben sich stark gewandelt.

Wissenschaftler unterteilen die Erdgeschichte heute in 4 unterschiedlich lange Erdzeitalter.

Erdurzeit ▶ Erdaltertum ▶ Erdmittelalter ▶ Erdneuzeit

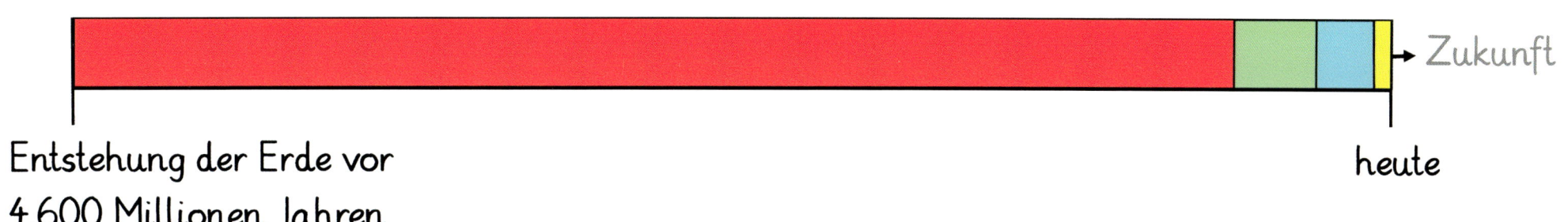

Entstehung der Erde vor
4.600 Millionen Jahren

heute

Zukunft

Erdurzeit

Die Erdurzeit wird auch Präkambrium genannt.

Sie dauerte etwa 4.000 Millionen Jahre.

Erdurzeit

Die Erdurzeit war das längste Erdzeitalter. Es begann mit der Entstehung der Erde vor 4.600 Millionen Jahren und endete vor 541 Millionen Jahren. Anfangs bestand die Oberfläche der Erde überwiegend aus Vulkanen und Steinen. Große Teile der Erde waren mit Wasser bedeckt. In der Luft gab es zu der Zeit noch keinen Sauerstoff, den alle Tiere zum Leben brauchen.

Vor etwa 3.800 Millionen Jahren entwickelten sich im Urmeer Bakterien. Sie waren die ersten Lebewesen auf der Erde. Später entstanden aus vielen Bakterien zusammen auch Teppichsteine auf dem Meeresboden, die Sauerstoff produzierten. Durch den Sauerstoff konnten sich im Laufe der Zeit viele andere Lebewesen entwickeln.

Teppichsteine, die Sauerstoff produzierten.

Bakterien

Erdaltertum

Das Erdaltertum dauerte etwa 290 Millionen Jahre.

Wissenschaftler unterteilen das Erdaltertum

in 6 kürzere Zeitabschnitte:

Kambrium, Ordovizium, Silur, Devon, Karbon und Perm

Kambrium

Das Kambrium begann vor 541 Millionen Jahren und endete vor 485 Millionen Jahren. Zu dieser Zeit waren noch immer große Teile der Erde mit Wasser bedeckt. Das Leben beschränkte sich auf das Meer.

Im Meer entstanden viele neue Lebewesen, wie Quallen, Muscheln und Trilobiten. Diese besonders schnelle Entwicklung wird auch kambrische Explosion genannt.

Die Trilobiten sahen den heutigen Asseln ähnlich und waren weit verbreitet. Deshalb wird das Kambrium auch als Zeitalter der Trilobiten bezeichnet.

 Trilobiten

Seelilien sind am Meeresboden befestigt.

Silur

Das Silur begann vor 443 Millionen Jahren und endete vor 419 Millionen Jahren. An Land entwickelten sich zuerst Pflanzen und später auch Tiere. Die ersten Landtiere waren Würmer und Käfer. Im Laufe dieser Zeit entwickelten sich viele neue Pflanzen und Tiere an Land.

Tausendfüßler

Skorpion

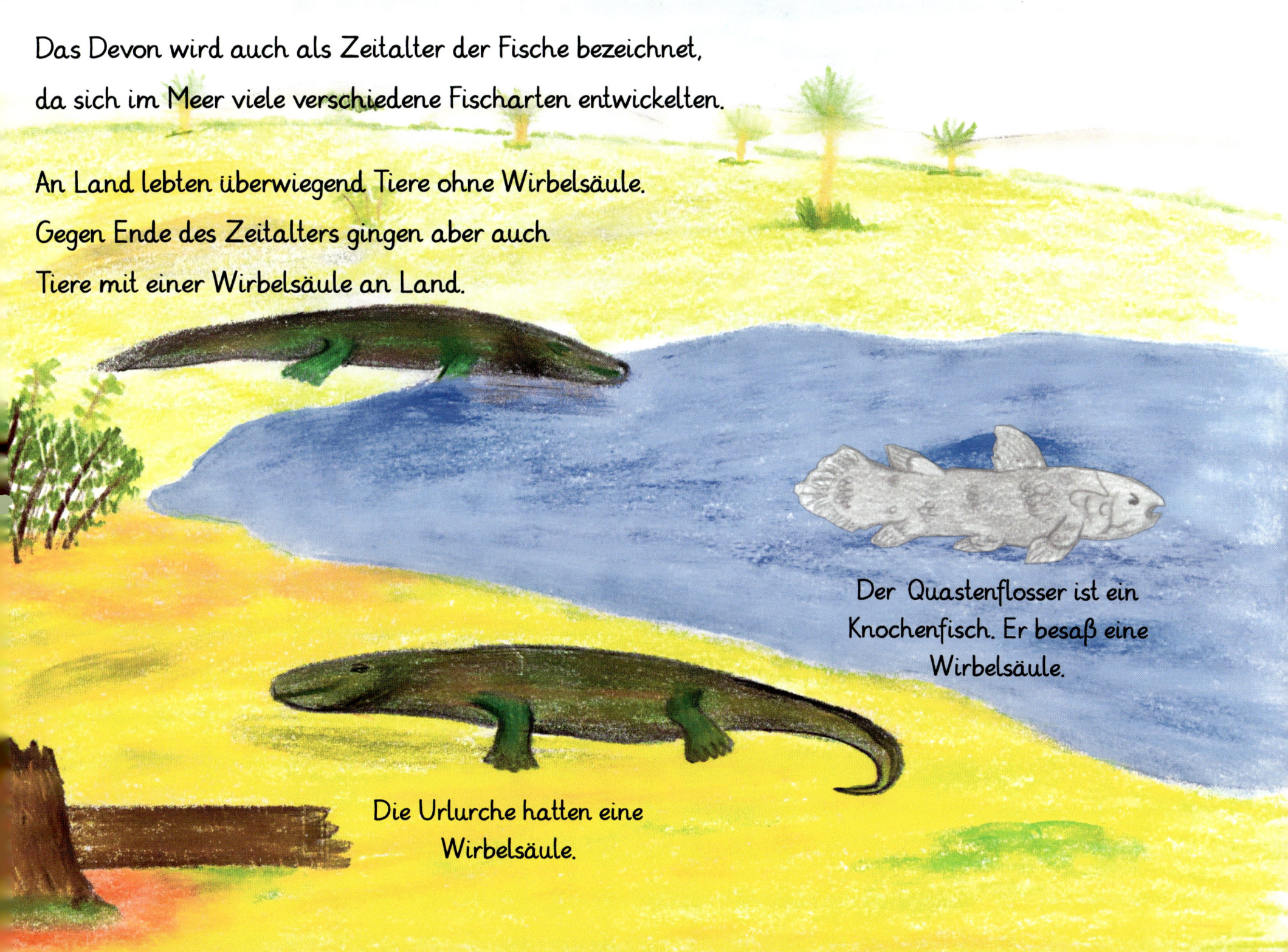

Karbon

Das Karbon begann vor 359 Millionen Jahren und endete vor 299 Millionen Jahren.

Im Karbon herrschte feuchtes Klima.

Das Meer ging immer weiter zurück und das Festland wurde größer.

Auch an Land entwickelten sich viele verschiedene Pflanzenarten und Tierarten, die oft sehr groß wurden.

Wegen der vielen und riesigen Pflanzen, wird das Karbon oft auch das Zeitalter der Wälder genannt.

Tausendfüßler wurden bis über 2 Meter lang. Das ist so hoch wie eine Zimmertür.

Perm

Das Perm begann vor 299 Millionen Jahren und endete vor 252 Millionen Jahren.

Das Klima war zu dieser Zeit sehr heiß und trocken. Viele Tiere starben, weil sie nicht an die Trockenheit angepasst waren. Dafür entwickelten sich neue Tierarten, die gut bei diesem Klima leben konnten. Am Ende des Zeitalters kam es erneut zu einem großen Massensterben. Dabei starben viele Lebewesen aus.

Es gab viele sehr große Schachtelhalme.

Dimetrodons waren gut an das trockene und heiße Klima angepasst.

Erdmittelalter

Das Erdmittelalter dauerte 186 Millionen Jahre.

Wissenschaftler unterteilen das Erdmittelalter

in 3 kürzere Zeitabschnitte:

Trias, Jura und Kreide

Trias

Die Trias begann vor 252 Millionen Jahren und endete vor 201 Millionen Jahren.

Das Klima war sehr warm und trocken.

Nach dem Massensterben dauerte es Millionen Jahre, bis die Erde wieder von vielen Tieren und Pflanzen bewohnt wurde. Es entwickelten sich viele neue Lebewesen.

Die Tiere und Pflanzen eroberten im Laufe des Zeitalters das Wasser, das Land und die Luft.

Farne

Frösche

Im Meer lebten Fische, Muscheln, Krebse und Schnecken.
Im Laufe der Trias entwickelten sich auch erste Fischsaurier
und erste Flugsaurier.

Schwanzlurche

Plesiosaurier lebten im Meer.

Jura

Das Jura begann vor 201 Millionen Jahren und endete vor 145 Millionen Jahren.

Das Klima im Jura war sehr warm. In den Urwäldern gab es viele verschiedene Nadelbaumarten. Auf dem Festland lebten die Dinosaurier.

Zu den Meeresbewohnern gehörten Krokodile, Fische, Korallen, Seesterne und Muscheln.

Allosaurier waren Fleischfresser.

Stegosaurus war ein Pflanzenfresser.

Kreide

Die Kreide begann vor 145 Millionen Jahren und endete vor 66 Millionen Jahren.

Das Klima der Kreidezeit war sehr warm und feucht.

Es entwickelten sich an Land erste bunte Blütenpflanzen und kleine Säugetiere.

Allerdings beherrschten noch immer Dinosaurier das Festland.

Am Ende der Kreidezeit kam es zu einem Massensterben der Dinosaurier.

Kleine Säugetiere und andere Tierarten konnten überleben.

Blütenpflanzen

Triceratops gehörte zu den Horndinosauriern.

Erdneuzeit

Die Erdneuzeit dauert seit 66 Millionen Jahren an.

Wissenschaftler unterteilen die Erdneuzeit

in 2 kürzere Zeitabschnitte:

Tertiär und Quartär

Tertiär

Das Tertiär begann vor 66 Millionen Jahren und endete vor 2,6 Millionen Jahren.
Nachdem die Dinosaurier ausgestorben waren, entwickelten sich viele neue Lebewesen.

Es entstanden viele neue Säugetierarten, die zum Teil sehr groß wurden.
Neben großen Wäldern entstanden große Grasflächen, die den großen pflanzenfressenden Säugetieren als Nahrungsquelle dienten.

Urpferde gehörten zu den pflanzenfressenden Säugetieren.

Im Laufe des Tertiärs entwickelten sich in den Meeren Wale, Robben und andere Meerestiere aus Säugetieren, die an Land lebten.

Urnashörner waren die Vorfahren der heute lebenden Nashörner.

Quartär

Das Quartär begann vor 2,6 Millionen Jahren und dauert heute noch an.

Das Klima kühlte sich im Laufe der Zeit ab und es folgten Eiszeiten.

Auf Flächen ohne Eis wuchsen Nadelbäume und Gras.

Am Ende der letzten Eiszeit wurde das Klima wieder wärmer.

Viele Säugetiere starben aus und es entwickelten sich neue Pflanzenarten und Tierarten.

Im Laufe des Quartärs entwickelten sich verschiedene Vorfahren der Menschen. Den heutigen Menschen Homo sapiens gibt es seit etwa 300.000 Jahren.

Mammuts waren gut an die kalten Temperaturen der Eiszeit angepasst. Am Ende der letzten Eiszeit starben sie aus.

Tipps & Informationen

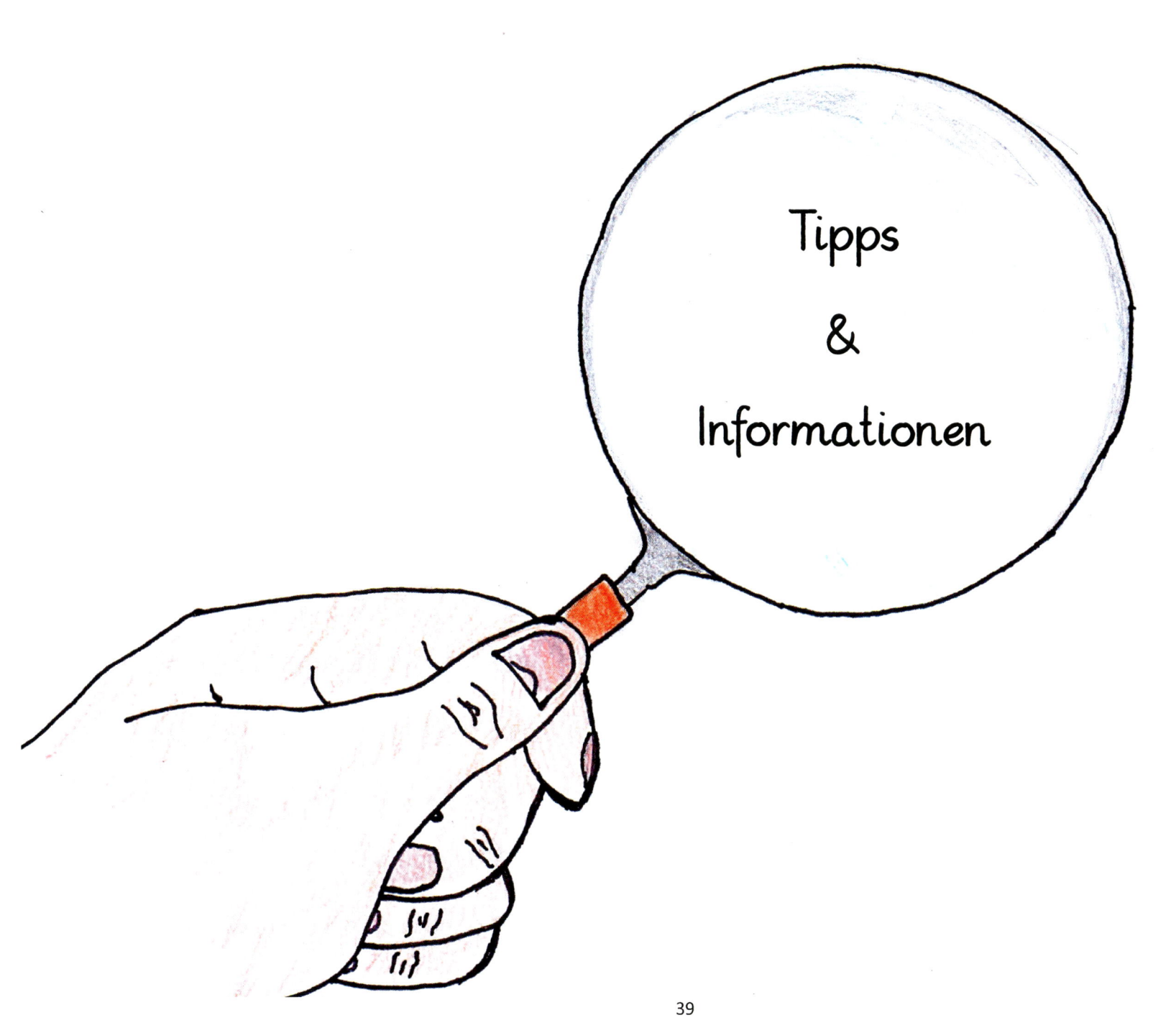

Lebewesen des Buches auf einen Blick

Bild	Einzahl	Mehrzahl	Lebt(e) von bis
	die Bakterie/ das Bakterium	die Bakterien	Erdurzeit bis heute (seit etwa 3.800 Mio. Jahren)
	der Teppichstein	die Teppichsteine	Erdurzeit (vor etwa 3.500 Mio. Jahren)
	die Ediacara-Fauna		Erdurzeit (vor 580 bis 540 Mio. Jahren)
	der Schwamm	die Schwämme	Erdurzeit bis heute (seit etwa 1.000 Mio. Jahren)
	der Trilobit	die Trilobiten	Kambrium (vor 521 bis 251 Mio. Jahren)
	die Muschel	die Muscheln	Kambrium bis heute (seit etwa 500 Mio. Jahren)
	die Seelilie	die Seelilien	Kambrium bis heute (seit etwa 480 Mio. Jahren)
	die Qualle	die Quallen	Kambrium bis heute (seit etwa 500 Mio. Jahren)
	der Kopffüßer	die Kopffüßer	Ordovizium bis heute (seit etwa 500 Mio. Jahren)
	der Pfeilschwanzkrebs	die Pfeilschwanzkrebse	Ordovizium bis heute (seit etwa 440 Mio. Jahren)
	der Skorpion	die Skorpione	Silur bis heute (seit etwa 430 Mio. Jahren)
	der Wurm	die Würmer	Silur bis heute (seit etwa 430 Mio. Jahren)
	der Tausendfüßler	die Tausendfüßler	Silur bis heute

Bild	Einzahl	Mehrzahl	Lebt(e) von bis
	die Koralle	die Korallen	Silur bis heute (seit etwa 500 Mio. Jahren)
	(die) Cooksonia*		Silur (vor etwa 423 Mio. Jahren)
	(der) Dunkleosteus*		Devon (vor 380 bis 360 Mio. Jahren)
	der Urlurch	die Urlurche	Devon (vor 370 bis 360 Mio. Jahren)
	der Quastenflosser	die Quastenflosser	Devon bis heute (seit etwa 410 Mio. Jahren)
	der Farn	die Farne	Devon bis heute (seit etwa 360 Mio. Jahren)
	die Urlibelle	die Urlibellen	Karbon (vor 359 bis 299 Mio. Jahren)
	der Schachtelhalm	die Schachtelhalme	Karbon bis heute (seit etwa 390 Mio. Jahren)
	(das) Dimetrodon*	die Dimetrodons	Perm (vor 282 bis 256 Mio. Jahren)
	der Frosch	die Frösche	Trias bis heute
	der Fischsaurier	die Fischsaurier	Trias (vor 250 bis 94 Mio. Jahren)
	(der) Plesiosaurus*	die Plesiosaurier	Trias (vor 200 bis 66 Mio. Jahren)
	der Flugsaurier	die Flugsaurier	Trias (vor 235 bis 66 Mio. Jahren)
	der Schwanzlurch	die Schwanzlurche	Trias bis heute

Lebewesen des Buches auf einen Blick

Bild	Einzahl	Mehrzahl	Lebt(e) von bis
	das Krokodil	die Krokodile	Trias bis heute (seit etwa 100 Mio. Jahren)
	(der) Allosaurus*	die Allosaurier	Jura (vor 157 bis 145 Mio. Jahren)
	(der) Stegosaurus*	die Stegosaurier	Jura (vor 154 bis 144 Mio. Jahren)
	(der) Triceratops*	die Triceratops(e)	Kreide (vor 68 bis 66 Mio. Jahren)
	(der) Tyrannosaurus rex* der Tyrannosaurier	die Tyrannosaurier	Kreide (vor 68 bis 66 Mio. Jahren)
	die Blütenpflanze	die Blütenpflanzen	Kreide bis heute (seit etwa 145 Mio. Jahren)
	(das) Morganucodon*	die Morganucodons	Kreide (vor 205 bis 190 Mio. Jahren)
	das Urnashorn	die Urnashörner	Tertiär (vor 34 bis 22 Mio. Jahren)
	das Urpferd	die Urpferde	Tertiär (vor 22 bis 6 Mio. Jahren)
	der Wal	die Wale	Tertiär bis heute (seit etwa 50 Mio. Jahren)
	das Mammut	die Mammuts / die Mammute	Quartär (vor 800.000 bis 4.000 Jahren)
	der Mensch (Homo sapiens)	die Menschen	Quartär bis heute (seit etwa 300.000 Jahren)

So liest du die Tabelle

In dieser Tabelle findest du alle Lebewesen aus dem Buch, in der Reihenfolge wie sie sich in der Geschichte der Erde entwickelt haben. Es gibt und gab natürlich noch viel mehr Lebewesen als in diesem Buch. Die farbigen Balken am Rand zeigen dir, in welchem großen Erdzeitalter, sich die Lebewesen entwickelt haben: **Erdurzeit (rot), Erdaltertum, (grün), Erdmittelalter (blau), Erdneuzeit (gelb)**

In der letzten Spalte der Tabelle kannst du ablesen, in welchem Zeitraum es die Tiere oder Pflanzen auf der Erde gab und wann sie ausgestorben sind. Viele Lebewesen, die sich vor sehr langer Zeit entwickelt haben, gibt es aber heute noch. Oft sehen die Lebewesen heute etwas anders aus als zu Beginn ihrer Entwicklung. Eine Übersicht aller Erdzeitalter mit Artikeln findest du in einer Tabelle auf der nächsten Seite.

*Sprach-Tipp für Experten:
Bei einigen Namen siehst du am Ende des Wortes ein kleines Sternchen*. Bei diesen Namen ist der Artikel vor dem Namen in Klammern gesetzt. Das ist der Name, den Wissenschaftler für das Lebewesen verwenden. Wissenschaftler benutzen diese Namen wie Rufnamen und lassen den Artikel weg.

Sie sagen zum Beispiel: „*Tyrannosaurus rex* war ein Fleischfresser" oder „*Morganucodon* war eines der ersten Säugetiere". So wie wir sagen: „Jonas liest ein Buch." statt „Der Jonas liest ein Buch".

Informationen für Lehrkräfte und Eltern

Viele Kinder zeigen großes Interesse an Dinosauriern und anderen Urzeittieren. Allerdings gehen sie häufig davon aus, dass die Dinosaurier zu den ersten Lebewesen unserer Erde gehörten. Dass der Weg bis zur Entstehung der sehr komplexen Lebewesen (z. B. der Dinosaurier) erdgeschichtlich sehr lang ist, kann ansatzweise in diesem Bilderbuch bereits mit Kindern im Vor- und Grundschulalter gezeigt werden.

Das Bilderbuch zeigt u.a., dass es sehr lange auf der Erde kein Leben gab, bevor sich vor 3.800 Millionen Jahren als erste Lebewesen, Bakterien, entwickelt haben.

Darüber hinaus gibt es einen Überblick darüber, in welche Erdzeitalter und untergeordnete Zeitabschnitte heutige Wissenschaftler unsere Erdgeschichte einteilen und welche Lebewesen sich in welchem Zeitalter entwickelt haben.

Das Buch kann sowohl von Eltern zuhause als Vorlese- und Gesprächsanlass genutzt werden als auch von Lehrkräften im Sachunterricht in eine Unterrichtseinheit zum Thema „Evolution" bzw. „Entwicklung der Lebewesen" integriert werden.

Ergänzende Evolutionsmaterialien zu den Themen „Entwicklung der Lebewesen" sowie „Belege (Fossilien) und Mechanismen der Evolution" können Sie den Medientipps entnehmen. Es stehen z. B. ergänzende Faltbücher zu den Erdzeitaltern, Erdzeitalterleporellos und Tierinfokarten zu verschiedenen Tieren zur Verfügung.

Alle von uns entwickelten Evolutionsmaterialien wurden mit den passenden Farbcodes der vier Erdzeitalter gekennzeichnet, damit die Kinder schneller einen Überblick bekommen, in welchem Zeitalter sie sich gerade während der Bearbeitung der Materialien bewegen.

Im Anschluss an den Bilderbuchtext findet sich ein Glossar, in dem alle Lebewesen, die im Bilderbuch abgebildet sind, in chronologischer Abfolge aufgeführt sind. Dies erlaubt einen schnellen Überblick über die zeitliche Entwicklung der im Buch beschriebenen Lebewesen. Außerdem wurde jeweils die Einzahl und die Mehrzahl der Namen aufgeführt, so dass sich die Tabelle auch als Wortspeicher im Unterricht einsetzen lässt.

Farbgestaltung und Dauer der Erdzeitalter

Die Farben der Erdzeitalter entsprechen den standardisierten **RGB-Farbcodes-Nr.** der internationalen Geologic Time Scale Foundation (bit.ly/RGB-Farbcodes 2016).

Viele PC-Programme ermöglichen die Eingabe der Farbcodes zum Erstellen von Materialien mit den passenden Erdzeitalterfarben.

Anhand der Farben der Überschriften im Buch kann das Kind das zugehörige Erdzeitalter erkennen

die Erdurzeit 4.600 – 541 Millionen Jahre	4.059 Millionen Jahre (RGB-Nr. 247/67/112)
das Erdaltertum 541 – 252 Millionen Jahre	289 Millionen Jahre (RGB-Nr 153/192/141)
das Kambrium	56 Millionen. Jahre
das Ordovizium	42 Millionen Jahre
das Silur	24 Millionen Jahre
das Devon	60 Millionen Jahre
das Karbon	60 Millionen Jahre
das Perm	47 Millionen Jahre
das Erdmittelalter 252 – 66 Millionen Jahre	186 Millionen Jahre (RGB-Nr. 103/197/202)
die Trias	51 Millionen Jahre
das Jura	56 Millionen Jahre
die Kreide	79 Millionen Jahre
die Erdneuzeit 66 Millionen Jahre – **heute**	66 Millionen Jahre (RGB-Nr. 242/249/29)
das Tertiär	63,4 Millionen Jahre
das Quartär	2,6 Millionen Jahre

Medientipps
Unterrichtsmaterialien zur Entwicklung der Lebewesen

Sachunterricht Weltwissen 1/2017

Eine Reise von der Urzeit bis heute

Mit Kindern Evolution erforschen

Autoren:

Mitarbeiter des Instituts für Biologiedidaktik der JLU Gießen

Verlag: Bildungshaus Schulbuchverlage Westermann Schroeder

Evolution in der Grundschule

Herausgeber:

D. Graf & M. Schmidt-Salomon

Kostenlose Unterrichtsmaterialien, online abrufbar unter:
bit.ly/Evokids2016

Unterrichtsmaterialien zu Evolution

des Institutes für Biologiedidaktik online abrufbar unter:

https://www.uni-giessen.de/fbz/fb08/Inst/biologiedidaktik/dateien